爱上自然课
AISHANG ZIRANKE

身边的植物
SHENBIAN DE ZHIWU

知识达人 编著

成都地图出版社

图书在版编目（CIP）数据

身边的植物/知识达人编著．—成都：成都地图出版社，2017.1（2022.5 重印）
（爱上自然课）
ISBN 978-7-5557-0306-8

Ⅰ．①爱… Ⅱ．①知… Ⅲ．①植物–青少年读物 Ⅳ．① Q94–49

中国版本图书馆 CIP 数据核字 (2016) 第 094272 号

爱上自然课——身边的植物

责任编辑：马红文
封面设计：纸上魔方

出版发行：成都地图出版社
地　　址：成都市龙泉驿区建设路 2 号
邮政编码：610100
电　　话：028－84884826（营销部）
传　　真：028－84884820

印　　刷：三河市人民印务有限公司
（如发现印装质量问题，影响阅读，请与印刷厂商联系调换）

开　　本：710mm×1000mm　1/16
印　　张：8　　　　　　字　　数：160 千字
版　　次：2017 年 1 月第 1 版　　印　　次：2022 年 5 月第 5 次印刷
书　　号：ISBN 978-7-5557-0306-8

定　　价：38.00 元

目 录

菊花展来啦，你能认出几种来？ /1

月季，你咋和玫瑰长得这么像？ /7

樱花树开花啦！好漂亮呀！ /12

出淤泥而不染的荷花 /17

为什么中国人偏爱梅花呢？ /22

杜鹃花一开，山都被映红啦！ /27

我是"大力水手"！就爱吃菠菜！ /32

你喜欢吃白菜吗？ /37

数一数芹菜的好处 /42

明天就去学插秧种水稻！ /47

我看小麦跟草一样嘛，怎么分辨？ /52

咯嘣咯嘣脆，小豆子，大作用 /57

在我国历史悠久的高粱 /61

玉米全身都是宝 / 65

味道刺激的大葱 / 71

芦苇丛真是一道美丽的风景 / 74

竹子啊，其实我不懂你的心 / 77

新鲜的芦荟大有用场 / 84

空气好清新喔，谢谢你，绿萝 / 90

仙人掌真像一只小刺猬 / 94

狗尾巴草也有传说哟 / 99

你见过枣树吗 / 104

桃树上结的桃子真诱人啊 / 109

榆木并不是个"傻疙瘩" / 115

葡萄藤好"调皮"，往我的房间里爬 / 118

菊花展来啦，
你能认出几种来？

金色的秋天来了，在随风飘落的片片黄叶中，一年一度的菊花展又开始啦！你了解菊花吗？看着满园的菊花，你能认出几种来？

下面就让我们一起走进菊花的世界，一起来认识下那些有品有节、典雅又不失华丽的菊花吧！

菊花在古代有很多名字，如黄花、金蕊、女华等。因为它开在晚秋，又有着不输夏花的浓郁香气，所以又有晚艳、冷香的雅称。

菊花在植物学上的分类是被子植物门，双子叶植物纲，菊目，

菊科，菊属，多年生草本植物，秋天开花，花瓣呈舌状或筒状，花头有的很大，有的却很小。

　　我们看到的菊花，是经长期人工选择培育的名贵观赏花卉，也称艺菊，品种达3000余种。

　　菊花植株的高矮不一，有的植株高度只有20厘米左右，有的植株却高达2米，但大多数菊花植株高30～90厘米。菊花是草本植物，绝大多数主干茎是直立分枝，长得有点像一棵小树。主干茎是嫩绿色或褐色的，但靠近根部的主干茎

是半木质化的，虽不像树枝那么坚硬，但也比较结实，因为这样的主干茎才有劲，才可以举得起硕大的菊花头。

菊花叶子有的是卵圆形，有的是长圆形，叶边缘有的有缺刻，有的像枫树的叶子一样边上有一周小锯齿。

有的菊花在植株的顶上开一朵大菊花，有的菊花除植株顶上有一朵外，枝杈处也会开出几朵。

菊花瓣长得十分精致，根据菊花瓣型可分为平瓣、管瓣、匙瓣、桂瓣、畸瓣5个瓣类，30个花型和13个亚型。像平瓣型菊花花瓣就有宽带、荷花、芍药、平盘、翻卷等花型，让人赞叹不已。

　　菊花虽然开在晚秋时节，但它丰富多彩的颜色可一点也不输于色彩缤纷的牡丹、芍药。菊花的花瓣色彩十分丰富，红的、黄的、白的、墨的、紫的、橙的、粉的、棕的……颜色各异，十分美丽，近年来就连不常见的雪青色和淡绿色也被培育出来了呢！

　　除了颜色之外，菊花的花形也是多种多样，筒状花逐渐演变出了各种"托桂瓣"。走进菊花展就仿佛走进了菊花的海洋：单瓣的，重瓣的，单、重瓣互生的；扁形的、球形的；长絮的、短絮的、平絮的、卷

絮的；空心的、实心的；挺直的、下垂的……那繁多的式样和复杂的品种，保准让你眼花缭乱，数也数不清。

菊花的原产地在中国，最开始是野生，生长于路旁、山坡、原野。现在世界上的菊属植物大概有30多种，其中中国原产菊花有17种，主要有野菊、毛华菊、甘菊、小红菊、紫花野菊、菊花脑等。无论是在广阔的田野，还是在温暖的花房，我们都能够看到它们美丽的身影呢！

人们觉得菊花美丽，开始进行人工栽培。若细细算起来，人工栽培菊花的历史也有3000多年了呢！

晋代时，菊花首次作为观赏品评花卉被栽进了园圃中；

到了唐代，菊花无论是花色还是品种都逐渐增多；宋代时，菊花第一次被栽进了花盆，由室外走进了室内，登上了"大雅之堂"。

10世纪初，菊花漂洋过海登上了日本，16世纪后走进了欧洲，19世纪传至美洲。

随着菊花的漂洋过海，赏菊爱菊的人也就慢慢遍布全球啦！

经过长期选择培育，菊花最终变成了品种繁多、色彩鲜艳、用途广泛的名贵观赏花卉。现在的菊花栽培品种是高度杂交的园艺品种。

月季，
你咋和玫瑰长得这么像？

你一定见过玫瑰花吧！它们总是被包裹在华丽的包装纸中，看起来又高贵又美丽；而月季花随意地开在花丛中，却很少有人会在意。但仔细观察一下，你就会发现，随处可见的月季竟然和娇艳欲滴的玫瑰长得很像，这是怎么回事呢？难道它们之间有什么关系吗？

玫瑰长得漂亮，出身又高贵。但你知道吗，相比玫瑰，月季也不差哟，它还有着"花中皇后"的美称呢！

早在300年前，月季就已传入欧洲。至今为止，月季已经有了300多个不同的品种，形成了一个庞大的家族，是世界上著名的观赏花卉呢。

月季的色彩艳丽又容易种植，无论是在小院子里还是在街道边，都能够健康地生长，因此深受人们的喜爱。因为它可以反复杂交，所以就产生了很多变种，最常见的有月月红、变色月季和小月季等。月月红的茎比较纤细，花朵的颜色多为紫色或深粉红色，带着紫红色的晕，看起来就像小娃娃红扑扑的脸蛋儿一样可爱。变色月季是月季中的变色龙，

因为是单瓣花，所以略显单薄，但是，它初开时呈浅黄色，随后逐渐变成橙红色、红色，最后略显暗色，那变化无穷的色彩还真是让人捉摸不透呢。小月季的叶和花都较小，看起来跟花店里的小玫瑰花很相似，适合盆栽。

月季花既美丽又朴素，可算是花卉中的"大众情人"啦，生活在北半球的学生对校园的记忆中几乎都有月季的影子。你们学校的花坛中是不是也有月季呢？

月季虽然常见，但照样是可以登上"大雅之堂"的哟！北京举办奥运会时，在充分考虑各国的习俗禁忌后，就用红月季和绢制月季花相结合制作了大型标志物。月季花还被作为参赛人员的佩戴花束，并用马蔺、圣柳叶作为绿叶搭

配花，用以彰显友好、热闹和奋进的精神。

　　不过，很多人总是分不清月季和玫瑰，的确，月季和玫瑰还真是像呢，简直就是一对"双胞胎"！你看啊，它们的花长得差不多，颜色也差不多，就连味道都是一样的迷人。这么相似的花也难怪我们要犯迷糊了。

　　同学们仔细观察就会发现，玫瑰的花蕾比月季的要小，一眼看上去，玫瑰就像是含苞待放的月季。玫瑰就像是害羞的小姑娘，它的花心永远不会开放，所以花蕊也从不暴露在

外面，哪怕最终枯萎；而月季则像是大大咧咧的小伙子，一旦开花就会绽开花心，花蕊就会露出来晒太阳。

目前市面上的这两种花都是经过杂交之后得到的新品种，所以想将它们彻底地区分开已经很难了。我们在花店里面看到的玫瑰大多数都是和月季花杂交过的品种哟！因为纯种的玫瑰并没有这么漂亮，如果真的把纯种的玫瑰放在商店里出售，它一定会被我们认为是冒牌货呢！

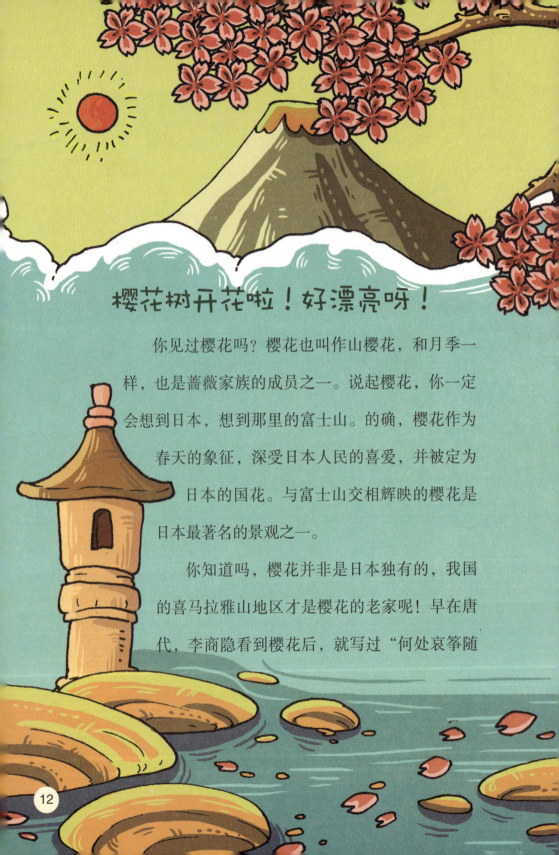

樱花树开花啦！好漂亮呀！

你见过樱花吗？樱花也叫作山樱花，和月季一样，也是蔷薇家族的成员之一。说起樱花，你一定会想到日本，想到那里的富士山。的确，樱花作为春天的象征，深受日本人民的喜爱，并被定为日本的国花。与富士山交相辉映的樱花是日本最著名的景观之一。

你知道吗，樱花并非是日本独有的，我国的喜马拉雅山地区才是樱花的老家呢！早在唐代，李商隐看到樱花后，就写过"何处哀筝随急管，樱花永巷垂杨岸"的句子。所以我们观赏樱花不一定非要去日本哦！樱花是在794—1192年间才落户日本的。当时，樱花在日本引种成功后，深受当地人们的喜爱，唱咏樱花的歌迅速多了起来，比之前咏梅的歌多出了5倍呢！观赏、品评樱花的活动也从皇室普及到了平民。

樱花树的树皮是紫褐色的，叶子和花都相互交错着生长，深绿色的叶子边上还长着细细小小的锯齿，十分精巧可爱。每年的3月，漫山遍野的樱花竞相开放，如云似霞，真是好看极了！樱花树的每个枝杈上通常开着三五朵小花，几朵小花簇拥在一起，就像一把小伞，十分可爱。

传统的樱花和梅花长得有点像，大部分是白色和红色的，轻

　　轻一闻，满脸满鼻都是幽香的气味。樱花

不光好看，还特别好吃呢！日本人常用樱花的花朵做寿司，

用樱花的叶子加工腌菜，那味道别提多鲜美啦！

　　樱花最早是野生的，大约只有9种。后来，人们通过一系

列的杂交又培植出了300多个新的品种，像著名的山樱、豆

樱、白雪、普贤等都是人工培植的产物。樱花花朵的颜色主

要在粉红和白色之间变化，不过也有例外，"郁金"和"御

衣黄"就是其中的特例。

　　"郁金"这个品种的樱花刚开放的时候是白色的，之后

逐渐向绿色过渡，到最后，它的花心则会变成红色。而"御

衣黄"这个品种更加特别，为什么这么说呢？因为它的花瓣

居然是绿色的，而且上面还有红色的条纹呢！更有趣的是，

它虽然如此特别，却开得并不张扬，即使是在它怒放的时

候，也需要留心地观察，否则是很难发现它的。

我国的樱花主要有早樱、晚樱、垂枝樱、云南樱等品种，其中最为常见的就是晚樱。它的花是红色的，花瓣层层叠叠的，既小巧又美丽，树干也很容易塑形，整体姿态比较优美，所以人们特别喜欢用它来美化环境。同学们常常能够在园林当中看到它的身影呢！晚樱一般在初春开花，不过它的花期不长，只有半个月左右。和桃花、梅花一样，晚樱的叶子也是在花朵开放后才会生长，所以开放时满树都是花枝，那景色真是美极了！最近几年，受气候的影响，我国的南方地区在每年的10月左右也会有晚樱开放呢！

樱花为什么总是给人以美丽又梦幻的感觉呢，有人说那

是因为它的花期太短。日本有一句"樱花七日"的民谚，就是说樱花的寿命只有7天而已。我们通常所说的半个月花期指的是整树的樱花，一朵樱花大概也就只能存活7天。也正因为满树的樱花有的开放，有的凋谢，才形成了樱花漫天飞舞、边开边落的梦幻奇景。

蔷薇科中的"科"指的是什么？

为了让每种植物都有一个反映自身特点的名字，不至于与其他植物混淆，国际上把绿色植物分为12个主要等级来命名，最高一级称为"门"，"门"下又分为"纲"，"纲"下分"目"，"目"下分"科"，"科"又依次分出"族""属""组""系""种""变种""变形"等。例如，樱花是蔷薇科的植物，它属于种子植物门，双子叶植物纲，蔷薇目。

出淤泥而不染的荷花

"小荷才露尖尖角，早有蜻蜓立上头。"同学们都读过这首诗吧？当荷花从水里冒出尖角的时候，夏天就来到啦！每到夏天，公园的池塘中总会开着满池的荷花。但是，你们了解荷花吗？下面就让我们一起走进荷花的世界吧！

17

　　荷花是生长在水中的一种植物，它还有莲花、水芙蓉等别名。荷花最早起源于亚洲温暖湿热的地区。荷花最显著的特点就是它的大叶子了！每到夏天，荷花的大叶子一片连着一片，会把整个湖面都覆盖住呢！也正是因为这样，所以很多园林都喜欢种植荷花作为水面上的绿化带。

　　荷花通常在夏天开花，大大的花朵在水面上亭亭玉立，有白的，也有粉的，同学们要是运气好，还能看到淡紫色的呢！正所谓红花也需绿叶衬，荷花的美怎么少得了荷叶的功劳呢？碧绿的叶子就像是卫兵一样保护着美丽的花朵。更有意思的是，荷花的叶子总是亮亮的，看起来就像是涂了一层蜡，这也就是为什么水珠总能在荷叶上滚来滚去的原因了！

　　人们常说，荷花是地球上的"活化石"，因为它是被子植物中起源最早的植物之一。根据科学家的说法，早在10亿年以前，它就已经存在了！当时地球上还没有人类，那时的气候非常适合蕨类植物的生长，所以能够推测的是当时世界上到处都是蕨类植物的地盘。别看现在的蕨类植物都不大，但是据说那时还有几十米高的蕨类植物呢！虽然蕨类植物"统治"了世界，但是有些坚强的被子植物还是存活了下来，荷花正是其中的一员呢！也正是因为它的坚强，才使得它能够度过漫长的岁月变迁，将它的美丽呈现在我们的眼前。

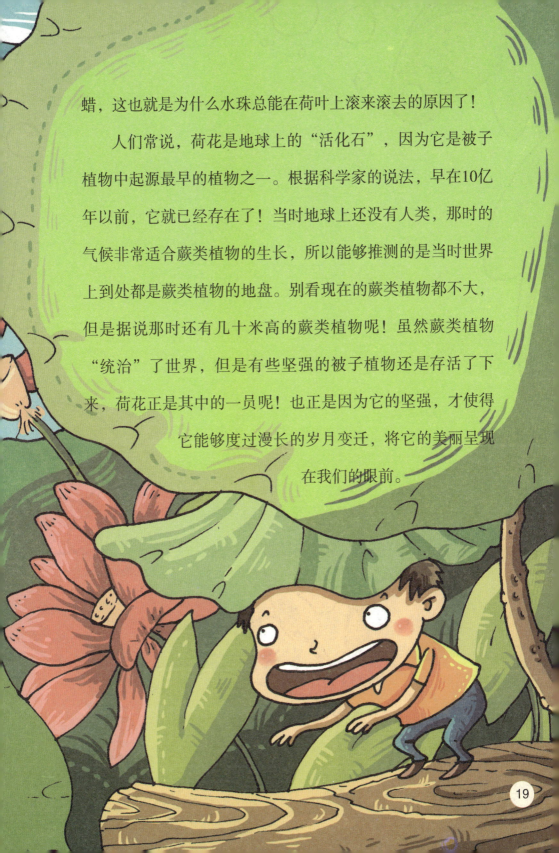

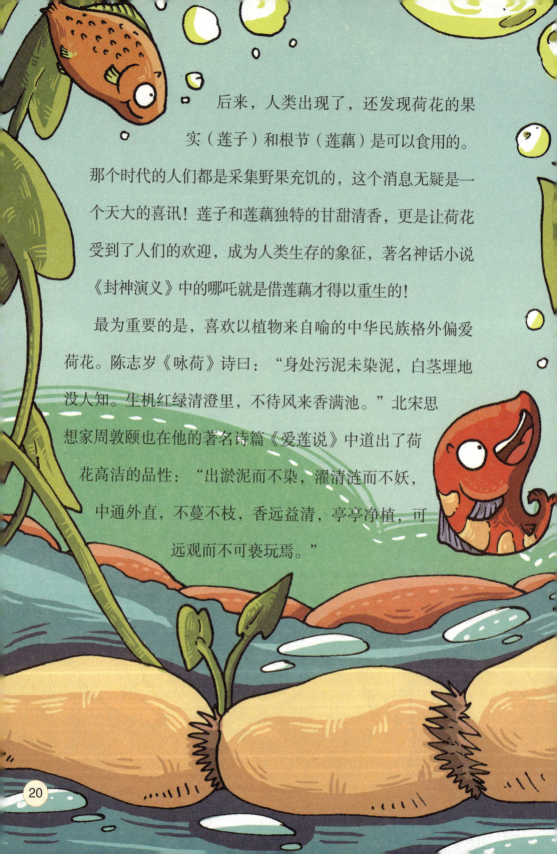

后来，人类出现了，还发现荷花的果实（莲子）和根节（莲藕）是可以食用的。那个时代的人们都是采集野果充饥的，这个消息无疑是一个天大的喜讯！莲子和莲藕独特的甘甜清香，更是让荷花受到了人们的欢迎，成为人类生存的象征，著名神话小说《封神演义》中的哪吒就是借莲藕才得以重生的！

最为重要的是，喜欢以植物来自喻的中华民族格外偏爱荷花。陈志岁《咏荷》诗曰："身处污泥未染泥，白茎埋地没人知。生机红绿清澄里，不待风来香满池。"北宋思想家周敦颐也在他的著名诗篇《爱莲说》中道出了荷花高洁的品性："出淤泥而不染，濯清涟而不妖，中通外直，不蔓不枝，香远益清，亭亭净植，可远观而不可亵玩焉。"

荷花生长在厚重的污泥之中，却能长得如此高洁，甚至连埋于污泥之中的根茎都如此洁净，真是令人惊叹！赏莲采莲更成为人们在夏日里不可缺少的消暑项目。苏州的民俗就以每年的农历六月二十作为荷花的"生日"。每年的那一天，荷花苇荡之间赏荷的人，络绎不绝，和着淡淡的荷香，成为炎炎夏季的一大风景。

不过，同学们要记得，荷花只可以远远欣赏哦！如果你因为太过喜欢它而把它摘下来的话，那过不了多久它就会耷拉下脑袋蔫掉哟！

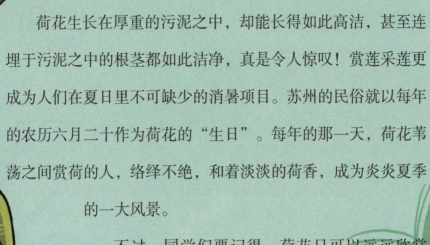

荷花有几个名字？

在一开始我们就说了，荷花有很多个名字。更特别的是，它几乎在每个生长阶段都要换一个名字呢！比如在它还含苞待放的时候叫做"菡萏"，但是开花之后就改叫"翠钱"了。除此之外，荷花还有很多根据特征得来的名字，比如"水花""芙蓉""泽芝"等等。

为什么中国人偏爱梅花呢？

牡丹娇艳、月季绚丽、荷花清秀……不同品种的名花千姿百态，各有各的韵味。不过，在百花之中，中国人却最是偏爱梅花。凌霜傲放的梅花每每在一片洁白的冰雪中点缀出一点点红，它的美那么醒目，那么高傲，的确是与众不同。

　　梅花位于"四君子"之首，又被称为雪梅，是我国传统的名贵观赏花木，有着很悠久的栽培历史。它最大的特点就是先于春日里的百花开放，由于它开放的时节气候仍然寒冷，所以又被唐代的诗人李商隐称为"寒梅"。

　　虽然没有茉莉的芳香、桃花的艳丽，也没有牡丹的雍容华贵，但梅花在中国人的眼中却有着独一无二的俏丽。王安石在《咏梅》诗中就写下了"遥知不是雪，唯有暗香来"的句子来赞美梅花的香气；毛泽东更是用"待到山花烂漫时，她在丛中笑"为梅花赋予了人一般的生命。可是同学们，你知道中国人为什么会这样偏爱梅花吗？

　　梅花之所以惹人喜爱，除了俏丽的形态，更因为它傲雪

斗霜的精神。"已是悬崖百丈冰，犹有花枝俏。"中国人爱梅，正是爱它敢于同霜雪斗争、同风雨厮杀，敢于接受挑战的灵魂、骨气和品格。这与我们中华民族的精神是一样的！

常有人说赏梅其实是在赏"病梅"，因为梅花每每绽放时总是与一些枯枝不协调地搭配在一起。你知道这是为什么吗？原来梅花与樱花是同属蔷薇家族的，因此它也同樱花一样，喜欢在长叶之前开花，所以我们才会看到梅花与老枝相映成趣的奇景。

梅花开放时有着淡淡的芳香，真是又好闻又好

看。我们中国人是很乐于养梅的。而梅花对于种植条件的要求也不高，它们喜欢阳光，而且耐寒、耐旱，既可以一株成景，也可以给它找个"伴侣"或是"邻居"，或是干脆种上一大片。无论怎样，梅花都能很好地生长。它生长的环境更是随意，无论是在院子里，还是在房屋周围或是田间地头，只要给它一方土地，它就能够"安居乐业"。即使家里小也没关系，梅花也可以用来制作盆景插花哦！

　　同学们还不知道吧？除了美丽的观赏性，梅花还能入药，例如它的花朵能够活血化瘀、解毒开胃，而它的根则能够治疗黄疸，所以你看，它的作用还真不小呢！但是，同学们千万不要碰到梅花的果实和枝叶哟，因为它们是有毒的，不小心吃掉的话可能会引起抽搐。

　　古人爱梅，是欣赏它迎风傲雪的姿态；我们爱梅，是佩服它坚强不屈的精神。梅花的坚强和傲骨正是我们中国人的精神！

杜鹃花一开，山都被映红啦！

　　有一种花，它的名字与鸟儿的名字一样好听，它的颜色像晚霞一样艳丽，令许多花儿都会觉得害羞！更奇特的是，这种花生命力很强，漫山遍野地生长，每到开花时节，整座山都被这种花映红了。这种花的名字就叫作杜鹃花，又叫映山红。

　　杜鹃花很早就被人们种植在花园中，是中国十大名花之一。唐代诗人白居易曾在诗中这样赞美它："闲折两枝持在手，细看不似人间有。花中此物似西

施，芙蓉芍药皆嫫母。”

我国是杜鹃花的集聚地，因为各种各样的杜鹃花在我国都能找得到，其数量更是其他国家都无法企及的，说我国是杜鹃花的"大百科博物馆"真是一点都不为过呢。现在，江西、安徽、贵州三个省都把杜鹃花定为省花，将其定为市花的城市更是多达七八个，足见人们对杜鹃花的喜爱。

在我国比较常见的杜鹃花种类也不少，比如西洋鹃、毛鹃、马银花、东鹃、云银杜鹃等等。若要细细划分，杜鹃花的成员可谓众多，但不同种的杜鹃花长相的差别可不小哟！比如有的杜鹃花是灌木，有的则是乔木，就连同属于灌木的杜鹃花还可以细分为大灌木和小灌木两种呢。它们有的身材矮小，有的身材魁梧，甚至能够长到好几米高，看上去就像是一棵大树！杜鹃花的家庭成员可真是不少呢！不过总的来说杜鹃花一般都是繁星似的小花聚在一起生长的。

红杜鹃是最常见的一种杜鹃花，俗称"映山红"。它还有着"木本花卉之王"的美称。不过，虽然它有着"王"的

称号，但是却一点也不娇气哟，对于生长环境的要求很小呢。我国的湖北和江西等地都是它们大量生长的地方。每当花期，那漫山遍野的红杜鹃真是应了它的名字，将整座山都映红啦！

有的杜鹃花的花茎质地坚硬，既可以用来制作农具、手杖等，也可以作为原材料用来雕刻精美的艺术品。它的叶子有着皮革一样的质感，大的有枇杷叶那么大，小的却像指甲盖一样小。杜鹃的果实是蒴果，种子非常细小单薄，当你种下杜鹃花的种子后一定要精心管理哦，不然它很难发芽的！

另外，杜鹃花还是中药材呢！入药的杜鹃花能够止血，它的根部可以祛除风湿，它的果实更是治疗气管炎、肿瘤以

草本植物和木本植物
有什么区别?

你知道草本植物和木本植物最大的区别是什么吗?你们有没有想到它们的茎干呢?这样想是正确的哟。虽然有的草本植物茎干也比较硬,但它也不是木本植物。因为木本植物的茎干会形成木质部,这是它所特有的,而草本植物即使有着坚硬的茎干,却不会形成木质部的哟!

及溃疡的好药材。除了入药之外,杜鹃花还有很多其他的用途,人们可以从它的花朵中提取芳香油,还可以从它的树皮中提取烤胶。不过,杜鹃花虽然用途多多,但它也是一个危险分子哟!尤其是黄色的杜鹃,一般都是有毒的。有些白色杜鹃也同样有毒。所以看到这样的杜鹃花,还是要离得远一些才安全呢!当然,总的来说,杜鹃花还是益处多多啦!

另外,有些杜鹃花的根系很发达,像是高山杜鹃,作为篱笆墙的话真是既美观又坚固。想象一下,要是我们在自己家的小院子里种上一圈红色的杜鹃作为篱笆墙,该有多美啊!

我是"大力水手"！
就爱吃菠菜！

你看过动画片《大力水手》吗？里面的主人公波佩是一个极富正义感的小伙子。他有一个神奇的"特异功能"，每当他遇到麻烦的时候，吃下一罐菠菜罐头，马上就会变得力大无穷！别说是卡车，就连坦克他都能轻而易举地推动。菠菜真有这样强大的功能吗？答案当然是否定的。不过，菠菜虽然不能让人吃了以后马上拥有推动卡车的神力，但它的营养也是极其丰富的。

菠菜一年四季都可以播种，它的根部是红色的，所以

　　也被大戏称为"红嘴绿鹦哥"。菠菜的叶子通常从根开始向上生长，大大的叶子看上去就像古代战争时用的戟，有的也像三角形，是我们最常食用的部分。

　　在我国的北方，菠菜和大白菜一样，是很重要的越冬蔬菜，所以也有人叫它"蔬菜之王"。但这个"王者"有一个弱点，就是很怕热。如果温度高于25℃，它的生长就会受到影响。相反，在寒冷的冬季，当大部分植物都被冻得"瑟瑟发抖"时，菠菜可来精神了，它可以轻松地冒尖抽叶，挑战冬雪。

　　每年最冷的时候，我们总会见到冻得硬邦邦的大白菜，

却从没见过冻得结冰的菠菜。这是怎么回事呢？为什么菠菜没有被冻住呢？同学们仔细观察菠菜的叶子就会发现，它的细胞胶质很大，水分想要渗透到细胞间隙中去可难啦。原来，这就是菠菜不怕冷的原因呀！没有水分，天气再冷也不会结冰。同学们吃菠菜的时候有没有注意到菠菜的味道甜甜的？这是因为菠菜内含有很多淀粉，而淀粉很容易转化为糖。这也是菠菜不怕冷的另一个小窍门，因为糖水可不容易结成冰呢！

菠菜深受人们的欢迎，可不仅仅是因为它的口感，更因为它有着丰富的营养。菠菜的叶子中含有大量的β胡萝卜素和抗坏血酸，对抑制癌细胞的生长很有效果，比西红柿的营养价值还要高哦！除此之外，菠菜中还含有维生素B6、叶酸、铁和钾。菠菜中铁的含量是其他任何蔬菜都无法比拟的。菠菜还有一定的补血作用，所以缺铁缺血的同学可要多吃菠菜哟！虽然我们不能像大力水手一样吃完菠菜就举起卡车，但多吃菠菜会让你的小脸蛋变得红扑扑的，又光滑又柔软，让你越变越漂亮哟。

许多同学都吃过菠菜炖豆腐这道菜吧？说起来，这道菜的味道还真是鲜美呢！但是你知道吗？把菠菜和豆腐放在一

起吃可是不科学的！因为这两种食物里的物质碰到一起是会"打架"的！菠菜中的草酸会阻碍我们的身体吸收豆腐中的钙质，所以这样吃的话豆腐的营养就全没啦！另外，菠菜中含有大量的草酸，这种物质对肾很不好，容易诱发结石呢！所以患有肾炎和肾结石的人最好不要吃菠菜。

怎样去掉菠菜中的草酸？

我们吃菠菜时总会有一种涩涩的感觉，就是因为菠菜中含有草酸，这种物质我们现在也认识啦，它是影响我们钙质吸收的敌人！它总是会和钙质结合，然后在我们的身体里形成无法溶解、无发吸收的草酸钙。草酸钙会沉附于我们的血管壁，造成血管功能的障碍。同学们别担心，我们也不是拿草酸没有办法的哟，只要在吃之前把菠菜用开水烫一烫，然后再放到冷水里泡一泡，草酸就被去掉啦，是不是很简单呢？

你喜欢吃白菜吗?

你喜欢吃白菜吗? 每到冬天, 生活在北方的同学最常吃的菜就是白菜吧! 几乎每家的餐桌上都少不了它的影子。

说起来, 白菜也有一个大家族呢! 比如大白菜、甘蓝、小白菜等等, 都是白菜家族的一员呢。白菜这种蔬菜不光味道好, 营养更是十分丰富呢, 不然也不会被人们称为"菜中之宝"啦!

大白菜的根系很发达, 它有一个十分粗大的主根, 上面

布满了根须。它的叶子分为外叶和球叶，外叶是绿色的，仰面朝天地铺在地上生长，内叶大多是乳黄色或白色的，这一部分也是白菜最美味的部位。观察大白菜的生长期，我们会发现一个很奇特的现象：白菜的叶子在最开始是向外扩展生长，可到了一定的时节，它们就会向内包裹，慢慢长成一个球形，这是怎么一回事儿呢？

同学们可以想象一下，在寒冷的冬天我们是不是总会不自觉地裹紧衣服保暖呢？大白菜也是一样的，随着天气一天天冷起来，它们没有驱寒的办法，就只能一层一层地加"衣

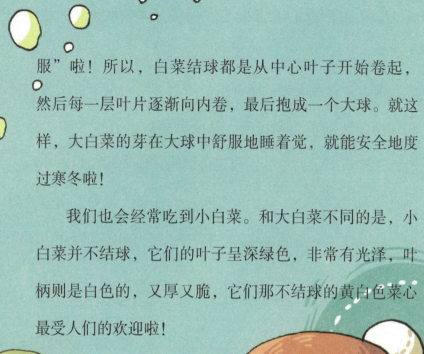

服"啦！所以，白菜结球都是从中心叶子开始卷起，然后每一层叶片逐渐向内卷，最后抱成一个大球。就这样，大白菜的芽在大球中舒服地睡着觉，就能安全地度过寒冬啦！

我们也会经常吃到小白菜。和大白菜不同的是，小白菜并不结球，它们的叶子呈深绿色，非常有光泽，叶柄则是白色的，又厚又脆，它们那不结球的黄白色菜心最受人们的欢迎啦！

白菜之所以如此受到人们的喜爱，不仅因为它的栽培方式简便，更因为它有着很高的营养价值。白菜富含蛋白质、多种维生素以及大量的粗纤维。所以多吃白菜可以增强肠胃的蠕动，帮助消化和排泄，从而减轻肝和肾的负担。俗话说，"百菜不如白菜"，白菜可以同其他食物一起搭配，还会吸收食材的味道，从而改变自己的味道。另外，白菜性微寒，中医认为它有除烦解渴、清热解毒的功效，因此白菜常

常被人们加工制成清凉降暑的补益良品。

你一定常常见到有玉石白菜被作为装饰品摆放吧？你知道吗？这玉石白菜不光好看，它还有很吉祥的寓意呢！因为白菜的"菜"和发财的"财"字音相似，所以人们相信，摆放白菜可以招财呢！

数一数芹菜的好处

"又让我吃芹菜，我最不喜欢那个味道啦！"每当妈妈夹起芹菜，好多同学都会捂着嘴，把碗推到一边。

的确，芹菜总是有着一种奇怪的味道。你知道吗？最开始的时候，芹菜是药用的，到了18世纪，人们才发现这种"药"做成菜也很好吃，芹菜也才开始

被人们广泛种植，并因此得了个"厨房里的药材"的称号。

说起芹菜的种植历史，可要追溯到中东和地中海地区了，因为那里是芹菜的故乡哟！同学们都知道，生物在进化过程中往往会发生很大的变化，但是芹菜的样子可没有多少改变哦！它在进化过程中变化最大的就是它的茎，也就是我们吃的那一部分。

虽然人们吃的都是芹菜的茎，但是不同地方的吃法可是大相径庭的哟！例如我国人民喜欢吃芹菜炒肉，但在欧洲，芹菜往往只被作为一种佐料使用，也就是说欧洲人只是食用它的味道，而美国人则喜欢生吃芹菜。想象一下，芹菜做熟了还有那么大的味道，生吃起来味道得有多浓啊！

芹菜除了味道怪之外，最大的特点就是筋比较多，所以人们在吃它的时候总会不小心把牙塞住。所幸，近些年人们已经培育出了一些筋比较少的芹菜品种，其中以帕斯卡最为著名。

　　按播种方式划分，我们可以把芹菜分为两种，一种是水芹，另一种是旱芹，它们长得很像，味道却大不相同。相比之下，旱芹的香气更浓，它也叫作"香芹"或"药芹"，是人们日常生活中吃得最多的一种芹菜。

如果按地区划分，芹菜还可以分为中国芹菜和西芹，中国芹菜个头儿大，有一根绿色或者紫色的细长的空心叶柄，它的纤维粗，味道也浓，人们主要吃它的嫩茎，所以可以吃的部分很少。西芹的个头儿很小，但它的茎是实心的，宽宽肥肥、又嫩又脆，虽然香味比较淡，可以吃的部分却有很多。

其实多吃芹菜对身体是非常好的。除了丰富的碳水化合物和蛋白质，芹菜中还含有大量的钙、铁、磷等营养物质，更加难得的是芹菜中还含有一种粗纤维，所以说，芹菜可是低热量、高营养的健康蔬菜呢！它的营养价值比很多蔬菜都高。除此以外，芹菜中还含有一种抗氧化剂，这种物质可是延缓衰老、预防老年病的法宝，它在芹菜叶子中的含量最为丰富！

现在，你应该清楚吃芹菜的好处了吧，以后就不要再因为它的味道怪就把它推到一边哟！其实呀，这种奇怪的味道是一种挥发性芳香油，对于促进食欲很有帮助呢。而且，如果你想要自己的个子长得高高的，那就更要多吃芹菜，因为芹菜里丰富的钙对我们的骨骼生长最有帮助啦！

芹菜的叶子能吃吗？

听到这个问题，也许有的同学会问，芹菜不是吃茎的吗？没错，但是你知道吗，芹菜的叶子也是可以吃的！不仅能吃，还有很高的营养价值呢！告诉你个小秘密，芹菜的叶子比茎的营养价值还要高呢！除了延缓衰老以外，它还能起到抑制癌症、辅助治疗的作用呢。所以，你可以告诉妈妈，在收拾芹菜时只需要把那些烂的、黄的叶子摘掉，新鲜的、翠绿的叶子可以留下和茎一起食用，或者单独食用，味道也很不错。

明天就去学插秧种水稻！

说起粮食，最先浮现在你脑海中的一定是大米吧？没错，它可是世界上最重要的粮食之一呢！早在六七千年以前，大米就在中国出现了。随着时代的发展，现在家家户户几乎都把大米作为主食。大米含有丰富的铁、钙、淀粉和蛋白质，可是你们知道那一粒粒洁白的大米来自哪里吗？

走在田野里，你会看到一个奇怪的景象，有这样一种植物，它们长在注满了水的田里。原来，这种田地叫作水田，而这种生长在水田中的植物的名字与它们的生长环境十分相符，它叫作水稻。

水稻的故乡在亚洲热带地区，它们很喜欢高温，但又不喜欢被太阳一直照射。一般情况下，水稻的个儿头只有1.2米左右，叶片又长又扁，开花的时候会生出许多由小穗组成的圆锥状的花絮，等花退去后，就会结出果实，这些果实被称为"稻子"，去壳后的稻子就是白胖胖的大米啦。

　　经过几千年的栽培，水稻已经发展出了很多种类。按大米的质地来分，可以分为籼稻和粳稻。籼稻是水稻中的娇娃娃，它的耐寒能力很弱，只喜欢生活在高温、强光和湿润的环境中，所以在热带、亚热带地区比较常见。籼稻模样娇弱、外形修长苗条，黏性比较小，中国香米、泰国香米等都属于籼稻。而粳稻则正好相反，它像一个坚强的小伙子，有较强的耐寒能力，通常生长在温带和热带的高地上。粳稻身宽体健，黏性也很大，所以人们给它起了个很形象的名字——肥仔米，我们常见的东北大米、水晶米就是这种水稻产出的大米。

　　籼稻和粳稻都有一个共有的特点，就是在生长时要一直浸在水中。在种植时，人们会先把水稻种子播种到已经准备好的秧田里，先撒下稻种，再在上面洒一层稻壳灰，以便帮助秧苗

顺利发芽，健康成长。20～25天之后，秧苗就会长到大约8厘米长，这时就可以给它们"搬家"了，需要把它们移植到周围有堤的稻田中去，这个移植的过程就叫作"插秧"。

别看插秧只是把稻苗插到田里，这个工作的技术含量可一点也不低呢！从前，农民伯伯在插秧的时候为了确保秧苗的秩序，都会使用一些工具，比如秧绳、秧标或插秧轮等等。在确保了秧苗之间统一的间隔之后他们才会开始插秧。

现在人们发明了插秧机，但很多地方仍以人工插秧为主。插秧是种植水稻最重要的一个过程，选择一个适合插秧的天气非常重要，例如大雨天插秧，秧苗就会被打坏；而在太阳光过于强烈的天气插秧，秧苗则会被晒坏。

水稻几乎全身都是宝，稻米可以用来制淀粉、酿酒、制醋；已经提取完大米的稻壳可以用做燃料、填料、抛光剂，或是肥料；加工后的米糠可用来制糖、提取糠醛，供工业及医药用；发了芽的稻米是一种很好的药材；就连那看似最没用的稻草也可以做饲料、覆盖屋顶、用于包装，还可以用来制席垫、服装和扫帚等。

怎么区分水稻和杂草？

水稻秧苗小的时候跟杂草很像，都长着平行的叶脉。同学们可能要问了，那该怎样区分它们呢？嘿嘿，这可难不倒农民伯伯呢！观察水稻的叶耳和叶舌就是他们的小绝招啦。长在稻苗叶子叶环两端的"耳朵"就是叶耳，而叶舌则是长在叶子叶环内侧的一个薄膜。杂草是不长叶耳和叶舌的，所以农民伯伯只要仔细观察这两部分就能轻松地分辨水稻和杂草了。

夏

我看小麦跟草一样嘛，怎么分辨？

除了水稻之外，人们的生活还离不开另一个好朋友——小麦，白白的面粉就是小麦变出来的！水稻小的时候很像杂草，农民伯伯只能靠叶耳和叶舌来辨认，小麦也一样，在没有抽穗之前，怎么看怎么像小草，还有点像韭菜，很不好分辨呢！

　　人类食用小麦的历史已经很悠久了，据考古学家考证，大约在1万年前，人类还住在洞穴里的时候，就开始以野生的小麦为食啦。同学们还不知道吧，虽然大米是我们最常吃的粮食，但是世界上分布最广、产量最多的粮食作物却是小麦！无论是肥沃的平原还是贫瘠的高原上，都有它们的身影。

　　小麦的茎俗称"麦秆"，它是一根直直的空心管子，小麦的叶子呈宽条形，看上去很像韭菜的叶子，只是没有韭菜叶子那么厚实。小麦长到一定高度就会抽穗，小麦穗直立着，穗轴不断地向上生长，上面并排开着很多小花。小麦花授粉之后就会结出一颗颗带颖壳的小麦。鼓鼓的颖壳就像一条条小船盛着满满的小麦果实。等小麦成熟后，人们对去掉颖壳的小麦果实进行研磨，就会得到我们常见的面粉了。

　　面粉可是一个"孙悟空"呢！

　　为什么这样说呢？因为它可以变成

各种各样的食物，无论是早点中的包子、面条，晚餐中的饺子、馒头，还是点心中的蛋糕、蛋卷等等，都是它变化而来的呢！

我们常说的小麦只是对小麦家族的一个统称，其实小麦家族中的成员可不少呢！根据播种时间的不同，小麦可以分为春小麦、冬小麦等。春小麦是每年春天的3—4月间播种，经过100多天的生长，大约到了7—8月份就会成熟。而冬小麦却不一样，人们在8—12月间的秋季播种冬小麦，这样到了冬天，冬小麦就可以美美地在大雪下"冬眠"，这就是民间俗语"冬

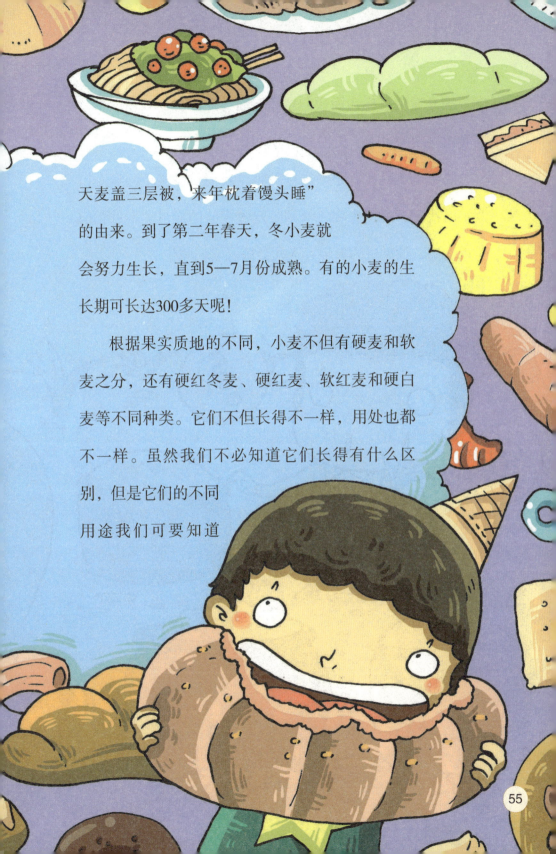

天麦盖三层被，来年枕着馒头睡"的由来。到了第二年春天，冬小麦就会努力生长，直到5—7月份成熟。有的小麦的生长期可长达300多天呢！

根据果实质地的不同，小麦不但有硬麦和软麦之分，还有硬红冬麦、硬红麦、软红麦和硬白麦等不同种类。它们不但长得不一样，用处也都不一样。虽然我们不必知道它们长得有什么区别，但是它们的不同用途我们可要知道哟！硬麦通常被作为面包、意大利面的原料；而软麦则多是同学们喜欢的饼干、蛋糕等零食的制作原料哟。

麦子也不是只有小麦这一种哦，我们早餐桌上的燕麦以及平时比较少见的大麦等等都是麦子家族的成员。不过它们长得太像，没见过的人十有八九会搞混它们呢！

咯嘣咯嘣脆，小豆子，大作用

生活中的你是不是常常会见到各种各样的小豆子呢？如通体乌黑、圆滚滚的黑豆，红身体、白嘴巴的小红豆，身穿"青衫"的青豆，长满花斑的熊猫豆，个头大、胖乎乎的豇豆……真是五花八门！豆子的种类有很多，味道也不一样，不仅如此，它们所含的营养价值也都各有不同呢！

在庞大的豆子家族中，黄豆可算得上是"大哥"了！因为它的营养最为丰富，食用方法更是多种多样，无论是直接吃，还是加工成豆制品，都是人们喜欢的食物呢！黄豆磨成的豆浆，在我们的早餐当中也占有重要的位置呢！

大豆包括红、黄、黑、青等多种颜色，有一个木质的主茎连接着主根，主根的周围生着很多侧根。大豆的根系很发达，可以深达土壤中1.5米呢！大豆的根须上还有一些小根瘤，别担心，这可不是豆子在生病。它们的用处可大啦，大豆生长中所需要的氮全靠它们供应呢！大豆秆能长到60~100厘米高，上面通常生着15~24个节，大豆宝宝的小摇篮——豆荚就长在这些节上。大豆开花时很漂亮，因为大豆的花很像蝴蝶，大豆开花时"蝶飞蜂舞"的景象，甚是壮观，不仔细看，还真以为是无数蝴蝶飞进了大豆地里呢！

从20世纪50年代起，大豆就成为世界主要的农作物商品之一。人们之所以这么喜爱它，主要是因为它富含各种人体所需的营养，其中的卵磷脂更是深受欢迎呢！甜甜的糖果同学们都喜欢吧？它就是以卵磷脂为原料的哟！除此之外，一些工业所需的物质也能从大豆中提取出来，蜡烛和肥皂制造业就都离不开大豆！从大豆中提炼出来的甘油更是火药、药品和纸张制造中的重要原料。

黄豆小时候叫"毛毛豆"吗?

我国多数的毛毛豆都是绿色的带豆荚的黄大豆,因为豆荚上生有短小的毛而得名。毛毛豆,又叫"毛豆"。别看它毛茸茸的,等它长大之后样子就会完全改变哦!等到晒干豆荚之后,黄豆就闪亮登场了!同学们明白了吧,原来毛毛豆就是小时候的黄豆呢!所以它应该算是黄豆的小名了。

如果你以为豆子家族只有大豆,那你可错啦!我们比较常见的蚕豆、扁豆、豌豆等等都是豆子家族的成员。许多豆类的豆荚也可以食用,如扁豆、豌豆等。

无论哪一种豆类,蛋白质的含量都非常的高,而且豆子中所含蛋白质的营养价值可等同于动物蛋白质呢!同学们,多吃豆子吧,它可以让你长得白白嫩嫩、漂漂亮亮的哟!

在我国历史悠久的高粱

秋天来了，你注意过田野中那一片顶着红红的花穗，样子苗条可爱的大高个儿植物吗？你知道它们是什么吗？告诉你吧，它们叫高粱。

高粱的秆是实心的，中心有髓，味道是有些甜甜的青草味儿。高粱穗要么像条带子，要么像个锤子，看上去沉甸甸的。高粱的果实有褐色的、橙色的、白色的，还有淡黄色的，呈扁圆状。这些扁

圆的小颗粒就是高粱的种子！

你知道人类食用高粱的历史有多久吗？据考证至少有10万年以上了！不过，关于高粱的故乡在哪儿，现在还是存在很多争议。许多研究者认为它的故乡在非洲，因为人类最早食用高粱的记录是在非洲被发现的，世界上94%的野生高粱都来自于非洲，人工培育出的各个变种大部分也都来自非洲，非洲拥有全世界最多的高粱变种。

所以许多科学家们认为高粱是原产自非洲，后来先后传到印度和远东，然后传入了中国。不过，也有人认为高粱的故乡就是中国。因为中国很多地方都栽培高粱，尤其在东北各地，更是随处可见。高粱的故乡究竟在哪儿，相信科学家们在不远的将来一定会为我们揭晓答案的。

　　虽然现在还不知道我国是不是高粱的原产地，但高粱在我国的历史还是相当悠久的。这从它的名称上就可以看出来。在我国古代高粱就有了很多名字，像是蜀黍、荻子、芦

粟、木稷等等。

高粱的种子可以直接食用，也可以磨成粉制成各种面食；高粱秆中含有大量糖分，与甘蔗十分相似，可以生吃或者制成糖浆或糖；高粱穗的韧性很好，可以做成笤帚、炊帚用来清扫。除此之外，高粱的嫩叶阴干或晒干后还可以贮藏起来作为饲料，所以说，高粱可是浑身都是宝哟！

玉米全身都是宝

　　玉米在我们的生活中随处可见，大街上总是飘着煮玉米、烤玉米的香气，餐厅中的玉米饼香甜无比，玉米与肉相结合还会变成同学们最喜欢吃的玉米火腿，那么究竟是什么样的植物结出了这镶满"黄宝石"的玉米棒呢？

　　玉米这种植物也有很多名字，如苞谷啊、玉蜀黍等等。在我国不同的地方，玉米的名字也不相同，比如在广东玉米被称为粟米，而东北人则习惯叫它棒子或是苞米等等。不过无论怎么叫，它指的都是同一

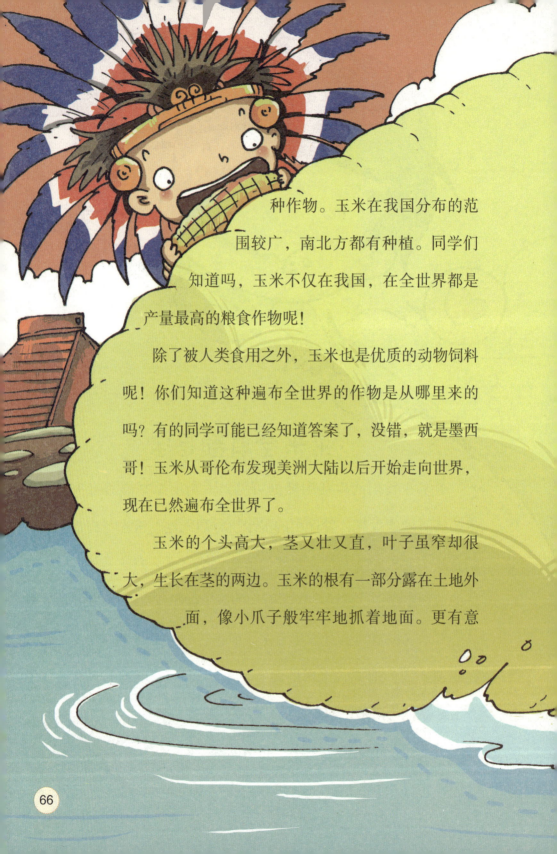

种作物。玉米在我国分布的范围较广，南北方都有种植。同学们知道吗，玉米不仅在我国，在全世界都是产量最高的粮食作物呢！

除了被人类食用之外，玉米也是优质的动物饲料呢！你们知道这种遍布全世界的作物是从哪里来的吗？有的同学可能已经知道答案了，没错，就是墨西哥！玉米从哥伦布发现美洲大陆以后开始走向世界，现在已然遍布全世界了。

玉米的个头高大，茎又壮又直，叶子虽窄却很大，生长在茎的两边。玉米的根有一部分露在土地外面，像小爪子般牢牢地抓着地面。更有意思的是，玉米可是"雌雄同体"的植物呢！就是说，只有单株的玉米也能结出香甜的果实来！这可真是实实在在的自给自足，再方便不过啦！

玉米的雄花和雌花很好分辨，因为它们生长的位置不同。雄花一般开在植株的顶端，而雌花则长在叶子和茎干中间，授粉成功后它会变成可爱的玉米棒子啦！另外，玉米棒子的外面还包着很多绿叶，这些都是变了形状的变态叶，它们像外衣一样紧紧包裹着玉米，保护玉米的健康成长。

许多同学都爱吃玉米，可是你知道玉米一共有多少种吗？普遍种植的玉米都是常规玉米，没有什么特殊性，既可以食用，也可以用作饲料。而除了常规玉米外，还有很多特用的玉米，如我们常吃的煮玉米和烤玉米都是用的甜玉米；那些玉米制的小食品，常常是用糯玉米做的；而那又好看又好吃的爆米花用的则是爆裂玉米。除了这些种类之外，随着科技的发展，号称"黑珍珠"的紫玉米等新型玉米也相继诞生了！

不过，这种紫色的玉米毕竟少见，大部分玉米还是黄色稍微带一些红色或是白色的。说到玉米的颜色，就不得不提到近年来培育成功的一种彩色玉米啦，这种彩色玉米的玉米棒上有着很多种颜色，十分好看，看起来就让人特别有食欲。

玉米作为食品当然不仅仅只有充饥一个用处啦，要知道经常吃它对我们的身体还很有好处呢！玉米中含有非常丰富的营养物质，它里面的胡萝卜素和维生素的含量都很多呢！同学们多吃玉米对大脑的发育也很有好处哟。

　　玉米浑身可都是宝呢！玉米的籽粒除了可以食用外，还可以用来制酒；玉米穗轴可以用作燃料；玉米秆可以用来造纸或是制墙板；玉米的茎叶除了用作饲料外，还可以填到沼气池中，用来发酵产生沼气；玉米的苞叶可以用作填充材料保护怕挤压的物品，还可以经加工染色后编织成各种各样的饰品、画作等。

　　玉米全身都是宝贝。同学们，当你捧着香甜的玉米大啃特啃的时候，可别忘了对它说声谢谢哟！

味道刺激的大葱

我的天呀！妈妈这是怎么了？怎么剁着饺子馅就哭起来了呢？哦，原来妈妈是在剁大葱呀！

大葱是很常见的一种蔬菜，它的味道辛辣，既可用来调味，也可用于防治疫病。要说大葱的味道那可真是刺激啊！你知道这是为什么吗？这是因为它含有一种叫作葱素的物质。大葱可不只是味道特别哟，它还有着增进食欲的功效呢！另外，大葱含有的磷酸糖和苹果酸还能让你心情变好，把大葱和白萝卜一起熬更是治疗感冒的良方。老人常吃葱还可以减少血管

壁上堆积的胆固醇，使血流顺畅，降低心

脑血管疾病的发病率呢！

葱的好处虽多，但每次剁葱时，我们总会被辣得泪洒砧

板，鼻涕横流，那个滋味真是让人难过呀！大葱为什么会让

大家这么"感动"呢？这是因为大葱中含有一种挥发油，这

种油会刺激鼻子，通过鼻子传到脑神经上，致使眼睛流泪，

所以我们才会一剁葱就泪流满面。不只是切大葱，切洋葱时

也会出现这样的现象。对于这种情况，有没有什么好的解决

办法呢？

有些人害怕剁葱辣眼睛，特意配上了防护眼镜，这样虽

然可以解决问题，但让人觉得动静有些太大了！其实，我们

吃葱最好的时机是什么时候?

虽然葱总是被当作调味料出售,但它可不仅仅是调味料,还是一种补品呢!尤其是春节前后的葱,那时吃葱最能帮助我们恢复身体了!葱和姜一样,有着暖身的功效。另外,葱还能治疗贫血和低血压呢!俗话说得好,药补不如食补,与其吃那些苦苦的药丸,还不如多吃一些葱呢!

只要在剁葱前把菜刀先放在冷水中浸一会儿或是把大葱放在冷水中泡泡然后再剁,就会减少挥发油的挥发,也就不会辣到我们的眼睛啦!另外,由于这种挥发油还通过鼻子嗅觉传到脑神经,脑神经命令泪腺加强分泌泪液。所以我们也可以屏住呼吸,或者在身边点上一根蜡烛,减少刺激气味,只要气味不能传到脑神经,眼睛自然也就不会流泪啦!

芦苇丛真是一道美丽的风景

清清的湖水边，几只水鸟悠闲地在水上嬉闹。微风吹过，芦苇丛与水波一起波动，给人一种安静而清爽的感觉，真是太美了，芦苇丛就是湖边一道最美的风景。

我们常常会在灌溉的沟渠旁、河堤的沼泽地或是湖边等地方看到芦苇丛。直立的芦苇茎秆长得又细又高，那发达的根茎匍匐在地，牢牢地抓着地下软软的泥土。芦苇的茎秆和竹子一样，也是一节一节的，不过芦苇秆的节上面有着白色的粉末。芦苇的叶子也和竹叶一样，都是长长的、卷卷的，

像是圆筒一样。

芦苇虽然看起来很纤细，可它非但一点也不娇贵，还有着神奇的功能呢！芦苇的根系很发达，是很好的固土保堤植物；它的茎秆有很强的韧性，可以造纸，也是制造人造丝和人造棉的原料；有些人还用苇秆来编草席、草帘，更有人为芦苇写下了"蒲草韧如丝"的句子。芦苇老了之后会变得非常坚韧，不过它比较嫩的时候可是一种不错的饲料呢！除了用作饲料，芦苇的嫩芽和根状茎还可以食用。芦芽的味道非常鲜美，而芦苇的根状茎入药可以起到降火、健胃、利尿等作用。

除此之外，芦苇的花穗可以用来制作扫帚，花絮可以用来填枕头。有的芦苇还会长出长长的芦苇棒来呢。那些黄黄的、毛茸茸的芦苇棒放一段时间就会变软，燃烧它能够驱赶蚊虫，这可是纯天然的"蚊香"呢！

在古代，芦苇还被用来辟邪。据说曾经有两个神将就用芦苇将恶鬼捆绑在了桃树下，让它们无法再继续作恶，后来还有人仿照他们的做法创设了一系列的法术。据说早在夏朝时人们便已习惯挂苇茭，到了魏晋时期苇茭更是广为流行。虽然现代人很少挂这些东西了，但是一些芦苇秆制作的饰品仍然深受人们的欢迎。

芦苇也可以生长在旱地上吗？

芦苇是依水而生的，不可以离水太远。有时候人们在旱地上看到一些长得很像芦苇的植物，便会误以为它们就是芦苇，其实这是错误的。这些随处生长的植物其实是山寨版的哦！它们真正的名字叫寒芒。虽然芦苇和寒芒长得很像，但分辨它们的办法其实很简单，芦苇的秆是中空的，而寒芒的秆却是实心的，所以折一支看看就可以弄清楚啦！

竹子啊，其实我不懂你的心

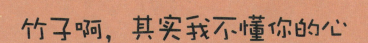

竹子是一种常见的植物，它们有的只有几米高，有的却可以达到几十米高，但是你们知道吗？竹子长得再高也不是树哟。因为树的中央是实心的，在生长过程中会逐渐长粗，形成一圈圈的年轮，而竹子却是空心的，无论它长多高，生出来时有多粗就是多粗，所以可以说，竹子是进化了的"草"。

实际上，竹子本来和其他的植物一样，茎干中间也是实心的。然而随着时间的推移，它开始慢慢地发生了变化。它努力地长个子，越长越高，却不再变粗，就连茎干当中都变

空了。竹子为什么非要把自己给"掏空"呢？

其实竹子这样做也是有科学依据的。我们都知道树干越粗壮树木就越稳当，可是你知道吗，中空的茎干要比实心的东西拥有更强的支撑力呢！竹子长得又细又长，要是实心的话不折才怪呢！所以竹子就很明智地把自己"掏空"啦。

不仅这样，竹茎的细胞结构也发生了变化，它们髓部的

一些薄壁组织渐渐退化，输送水分和养料的组织则愈来愈发达，形成了一种管状结构。所以，竹子还有很强的韧性，就算是刮风下雪，也不至于被打折压垮。所以说，竹子也是为了适应生长环境才把心"挖空"的。

古往今来，人们对竹子一直非常喜爱，竹子坚韧、虚心的品质更是让人钦佩。众多文人雅士常以竹自喻，来体现自己高风亮节的情操。

目前，全世界的竹林面积已经有2000多万平方千米，竹子的种类也是多种多样。下面就让我们来认识一下各种各样的竹子吧！

慈竹是"群居"的竹子中比较有代表性的。这种竹子的叶子非常多，而且身材高大魁梧，通常被用于工艺品的制作。人们常说的"苦慈"就是慈竹的一种，还是慈竹中最好的一种呢！它真正的名字叫作单竹，韧性很强，即使削成很薄的竹篾丝也不会断，可以用来编织非常高级的工艺品呢！

白粉竹与"苦慈"长得很像,它们之间最大的区别就是白粉竹的竹竿面上长有一层薄薄的白粉。

四季竹作为一种优质竹种,也是慈竹的一种,它一年四季都会生竹笋,最大的特点就是竹竿粗大高直,每一根都有几十斤重,是造纸的好材料。

硬头簧在一些少数民族当中深受欢迎,因为它的质地相对来说比较细密,是盖房子的好材料。许多少数民族的竹楼都是用它建造的哟!

　　楠竹的小名叫作"毛竹"，属于散生型的竹子。它们的茎最粗的地方有20厘米，是上好的建筑材料，竹头还可以雕刻成工艺品。

　　刺楠竹是楠竹的一种，竿和枝丫上长有坚硬的刺。它们是丛生型的，可以作建筑材料，不过种植量不太多。

　　水竹是一种散生型竹子，大部分的竹制家具都是用水竹制成的，此外，水竹还可以用于造纸。

　　墨竹是竹子当中的贵族，它比较稀有，而且不是丛生的。这种竹子的颜色比较特别，通体呈黑色，常被用于制作

吹奏乐器。

除此之外，罗汉竹、琴丝竹、凤尾竹、方竹、棕竹、斗笠竹等都很有名。据说，古代时还有一些非常奇特的竹种，比如十二时竹，它的竹节环绕凸出的地方生着子、丑、寅、卯、辰、巳、午、未、申、酉、戌、亥十二天干，十分神奇。还有一种人面竹，它的竹皮像鱼鳞一样，皮面凸起来就像是人的脸，是工艺品加工的珍宝。

新鲜的芦荟大有用场

　　窗台上有一盆芦荟，长得胖胖的，新嫩的绿色让人见了就想咬上一大口，你们知道这新鲜的芦荟都可以用来做什么吗？

　　你们知道芦荟是怎么得到这个名字的吗？它这个名字可不是随便叫的呢！不知道你有没有仔细观察过芦荟的汁液。它刚刚流出来的时候是有些接近透明的颜色，但是过一会就会变成黑色的了！而"芦"这个字正是"黑

84

色"的意思，"荟"则代表着"聚集"。现在你们明白它为什么叫"芦荟"了吧！

芦荟虽然很常见，但它可是植物中的宝贝呢！它的耐旱能力很强，十分适合家庭养殖，哪怕你3～5个月想不起来给它浇水，它也不会渴死。只不过，要是缺水的话芦荟的叶片就变得干瘪无汁，没那么厚实了。

芦荟生得很美，它的叶子是簇生的，由一个底座似的根向四周生出很多叶片。有的芦荟的叶子是披针形的，也有的芦荟叶子短而宽，边缘还长着小尖齿，但无论是哪一种芦荟，叶子都十分厚实。除了观赏性，你知道芦荟还可以做什么吗？

芦荟有净化环境的作用，新装修的房子里会有一种叫作甲

醛的气体，它对我们的身体可是有害的，不开窗放上一段时间很难消除它。这个时候，芦荟就能"大显身手"啦！科学家经过研究发现，一盆芦荟在全天照明的条件下，就可以消灭空气中90%的甲醛呢！除此之外，芦荟还是检测空气质量的"变色龙"哦！当空气中的有毒物质达到一定程度时，芦荟的叶子上就会出现深色的斑点。所以说，在家里面养一盆芦荟是非常有必要的！

新鲜的芦荟还能起到美容的作用。在古埃及时期，芦荟就是因为它特殊的药效而逐渐被人们接受和欢迎，它还被人们称为"神秘的植物"呢！芦荟内含有丰富的蛋白质、维生素、微量元素、氨基酸等营养物质，这些物质都有助于我们保养皮肤，而且芦荟的渗透能力很强，外用的话既可以让你的皮肤变白，又可以抵制皱纹的生长呢！

不过也不是所有的芦荟都有美容的功效哟！如果直接涂抹，那么最好选择翠叶芦荟。只要切下一小块，在脸上抹一抹，皮肤收紧的效果马上就出来了！虽然芦荟可以用来美容，但是同学们的皮肤还很嫩，所以现在还用不到它。

另外，如果皮肤上长了小痘痘或是被蚊虫叮咬了，用芦荟也是有效果的。用芦荟来洗头发还可以使头发光滑柔顺呢！

除了外用，芦荟还可以吃呢，市面上就有不少芦荟饮料。多吃芦荟对我们的身体很有好处，既能够帮助我们排除毒素，还能预防癌症和降血压呢！不过，我们在吃芦荟的时候，有几点还是要好好注意的，不然的话，不但收不到好的效果，反而有可能会适得其反。

首先，芦荟可不是谁都能吃的。虽然芦荟有这么多的好处，但是如果你的体质很弱或者脾胃虚寒，就不适合吃

芦荟。尤其是那些吃了新鲜的芦荟就会呕吐、腹痛、腹泻的人，一定要禁止食用芦荟。

其次，不要误食。有一种植物叫作龙舌兰，它和芦荟长得很相似，简直就像是一对双胞胎，但是龙舌兰是有毒的，所以食用的时候千万要注意分辨，不要把龙舌兰当成芦荟吃哟！

最后，虽然芦荟对许多疾病都有治疗作用，但也不能把它当作"仙丹"哦，如果得了什么病都拿芦荟来治而不去看医生，不但治不好病，反而可能会耽误时间加重病情呢！

空气好清新喔，谢谢你，绿萝

走进医院的大厅，我们常会看到一两盆绿色的植物，它们长着繁茂的心形叶子，那绿色犹如生命在流动着，像是要从盆中滴落出来了。这种植物的名字也很清新可爱，叫作绿萝。在所有适宜室内养殖的植物中，绿萝可是排在首位的！

绿萝的生命力旺盛，非常容易种植，很适合作为室内的绿化植物，既可以摆在门厅、客厅，也可以做成悬垂状吊在书房或阳台中，所以很多人都喜欢养绿萝。绿萝原本是热带

植物，因为遇水就能生长，所以往往能够长成很大的植株，也因此被人们称为"生命之花"。

绿萝能吸附有害气体，所以它还是一种非常环保的绿化植物！与其买一个空气清新机，还不如在家里养上一盆绿萝呢！尤其是在刚装修完的新房里，放上一盆绿萝是再好不过的啦！

绿萝不但能够净化空气，更可以美化环境。它有着很发达的气根，攀爬本领很强，茎蔓生长速度也很

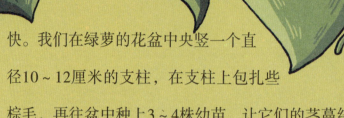

快。我们在绿萝的花盆中央竖一个直径10~12厘米的支柱，在支柱上包扎些棕毛，再往盆中种上3~4株幼苗，让它们的茎蔓绕着支柱攀缘生长，一盆柱藤式栽培就诞生啦！也可以把绿萝种在花盆中，吊在花架上，让它们的茎蔓悬挂垂下，看上去就像绿色的幕帘，也是别有一番趣味。

虽然绿萝的生命力极强，但它也不是在任何环境中都能生存的。例如，板结的土壤会使它很快失去活力，直到死

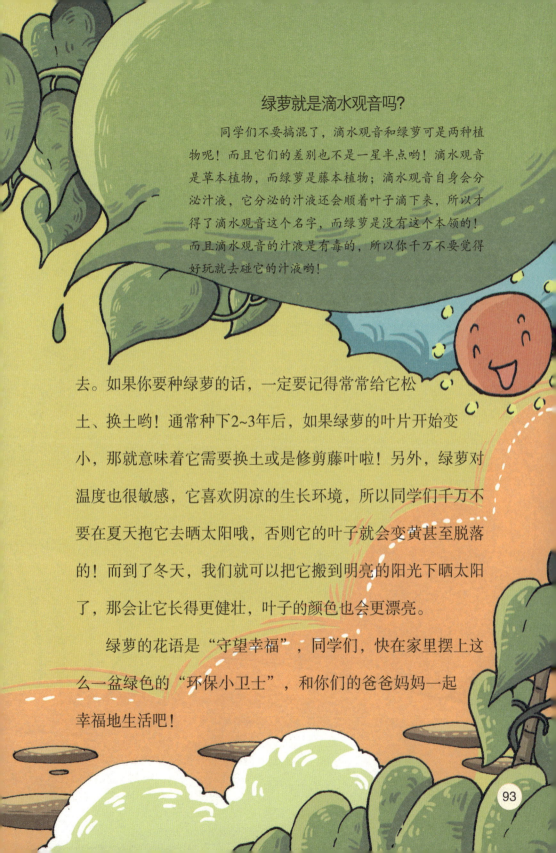

绿萝就是滴水观音吗？

同学们不要搞混了，滴水观音和绿萝可是两种植物呢！而且它们的差别也不是一星半点哟！滴水观音是草本植物，而绿萝是藤本植物；滴水观音自身会分泌汁液，它分泌的汁液还会顺着叶子滴下来，所以才得了滴水观音这个名字，而绿萝是没有这个本领的！而且滴水观音的汁液是有毒的，所以你千万不要觉得好玩就去碰它的汁液哟！

去。如果你要种绿萝的话，一定要记得常常给它松土、换土哟！通常种下2~3年后，如果绿萝的叶片开始变小，那就意味着它需要换土或是修剪藤叶啦！另外，绿萝对温度也很敏感，它喜欢阴凉的生长环境，所以同学们千万不要在夏天抱它去晒太阳哦，否则它的叶子就会变黄甚至脱落的！而到了冬天，我们就可以把它搬到明亮的阳光下晒太阳了，那会让它长得更健壮，叶子的颜色也会更漂亮。

绿萝的花语是"守望幸福"，同学们，快在家里摆上这么一盆绿色的"环保小卫士"，和你们的爸爸妈妈一起幸福地生活吧！

仙人掌真像一只小刺猬

你对仙人掌一定不陌生吧？它从头到脚都长满了刺，比刺猬的刺儿还要扎人呢！为什么仙人掌不像别的植物一样长着漂亮的叶子呢？现在就让我们走进仙人掌的故乡去看看吧！

沙漠是公认的仙人掌故乡，沙漠中最常见的"居民"就是仙人掌了。除了沙漠，亚热带地区也生长着一些仙人掌。可见，它们的生命力是多么顽强呀，居然不怕炎热和干燥呢！

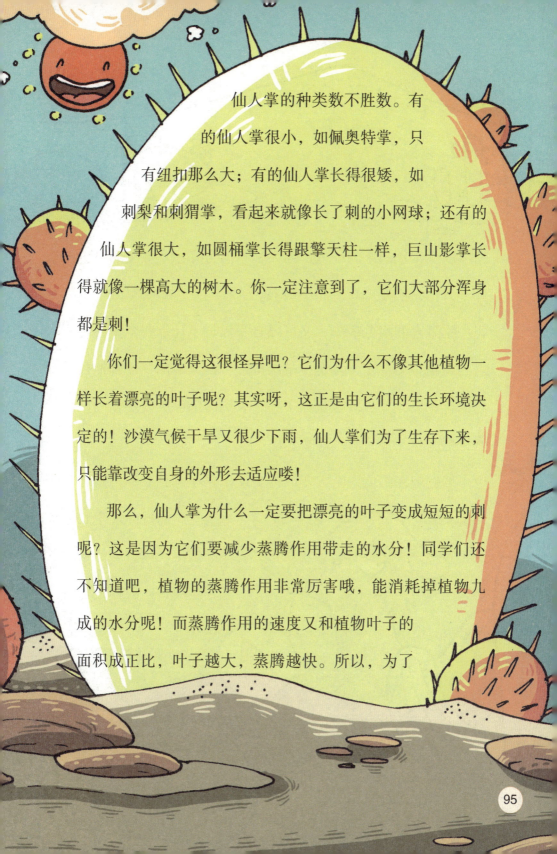

仙人掌的种类数不胜数。有的仙人掌很小，如佩奥特掌，只有纽扣那么大；有的仙人掌长得很矮，如刺梨和刺猬掌，看起来就像长了刺的小网球；还有的仙人掌很大，如圆桶掌长得跟擎天柱一样，巨山影掌长得就像一棵高大的树木。你一定注意到了，它们大部分浑身都是刺！

你们一定觉得这很怪异吧？它们为什么不像其他植物一样长着漂亮的叶子呢？其实呀，这正是由它们的生长环境决定的！沙漠气候干旱又很少下雨，仙人掌们为了生存下来，只能靠改变自身的外形去适应喽！

那么，仙人掌为什么一定要把漂亮的叶子变成短短的刺呢？这是因为它们要减少蒸腾作用带走的水分！同学们还不知道吧，植物的蒸腾作用非常厉害哦，能消耗掉植物九成的水分呢！而蒸腾作用的速度又和植物叶子的面积成正比，叶子越大，蒸腾越快。所以，为了

适应沙漠常年缺水的环境，仙人掌只能舍弃原本漂亮的绿色叶子，把它们变成短短的小刺啦。这样的变化既可以减少蒸腾作用带来的水分散失，又可以自我保护，让那些企图吞吃它的动物望而却步，真是一举两得呢！仙人掌的茎比其他植物的都肥厚、宽大，也是为了在下大雨时能够吸收更多的雨水，把水分储备下来，以备不时之需。

虽然现在的仙人掌大多数都变成了"小刺猬"，但是在一些湿润的地区还生长着长相比较原始的仙人掌。虽然它们的样子也

多少发生了一些改变，但是仍然长着比较原始的叶子，这对于我们了解仙人掌的过去可是非常有帮助呢！

　　而且，有叶子的仙人掌并不在少数哦，同学们在我国南方的某些地区就经常可以见到长着叶子的仙人掌！它们攀附在矮墙上，不开花的时候，常被人们错认为三角梅呢！还有一种大花叶仙人掌，它们的叶子最长能长到15厘米左右。不过这些仙人掌的叶子已经没有过去那么大了，而且过不了多久就会脱落。

为什么人们常说仙人掌最适合懒人养呢？原来呀，只要适当地浇点水，仙人掌就可以快乐地生长了，是不是很好养呢？除了美化环境，仙人掌还有清热解毒的功效呢！要是你得了腮腺炎，将家里的仙人掌掰下一块研碎，涂抹在肿起的脸上，用不了几天就可以治愈。这种土办法至今还有人在用呢。另外，如果不小心被蛇咬伤或是被烧伤、烫伤，涂抹仙人掌汁还能消肿止痛呢！

　　不过你一定要记住，仙人掌的刺是有毒的，里面含有毒液，如果被它刺到，皮肤就会出现红肿、疼痛、瘙痒等过敏症状，所以一定小心不要碰到它哟！

狗尾巴草也有传说哟

有一种草，它的花穗毛茸茸的，看起来很像小狗的尾巴，所以被人们叫作狗尾巴草或者绿狗尾草。这种小草在我国随处可见，可是你们知道吗？狗尾巴草虽然长得小，却是十分坚强呢！它既不会挑剔生长环境，也不会屈服于外界的影响，生命力和适应力都极强。正因为这样，人们才将它的花语定义为"坚忍"。

　　虽然名字有些不好听，但是在传说中，狗尾巴草还是"天外来客"呢！据说在远古时，所有的野生粮食作物都能结出七个穗，人们的粮食多得怎么吃都吃不完。久而久之，人们就养成了坏习惯，不但不劳动，反而每天浪费粮食。天上的神仙看到这个情形后，十分生气，就降下一场大雨，让人间一涝就是9年。因为到处都是水，植物无法生长，人们没有了吃的，所以很多人都在这次灾难中死掉了。

　　一只"天狗"偶然看见了人间炼狱的惨相，它十分同情人们的遭遇，就偷偷地潜进天庭。看到天庭里遍地都是仙

草，天狗就不停地打滚，将仙草的种子粘在自己的毛上面，用这样的方式将种子带到了人间。

多亏有了天狗带回来的种子，活下来的人们辛勤耕种，终于在第二年吃上了自己种的粮食。不过，天狗在帮人们偷种子的时候，也不小心沾了一种野草的种子。这种野草如果不及时清理，就会影响收成，所以人们只好每天辛苦耕耘，认真管理。此后，人们每当看到这种草就会想起天狗的恩情，忏悔自己之前的好吃懒做，于是就给这种野草起名叫"狗尾巴草"，以感谢天狗的恩德，提醒自己时刻牢记之前的过错。

狗尾巴草大多自由地生长在荒野、大道旁，不过，它们有时也会长在农作物的身边，所以也是人们很反感的杂草之一。它们对小麦、谷子、大豆、花生、蔬菜甚至果树等的生长都有影响，因为狗尾巴草会同这些植物争夺水分和营养。所以，当它们大量生长时，粮食作物就会减产啦！除了跟粮食作物争夺营养之外，它还是很多害虫的温床呢！像是地老虎、蚜虫等害虫都喜欢生活在狗尾草上面。所以农民伯伯必须及时除掉它，否则可是后患无穷呢！

人们总习惯把所有毛茸茸的草都叫作狗尾巴草，这其实是不对的。狗尾巴草可不是所有毛茸茸的草的代称，它只是一种植物的名字哦！有一种狼尾草和狗尾巴草长得很像，不过它的穗比狗尾巴草的要长，而且一般是紫色的，所以仔细观察的话，还是可以把它们区分开来的！

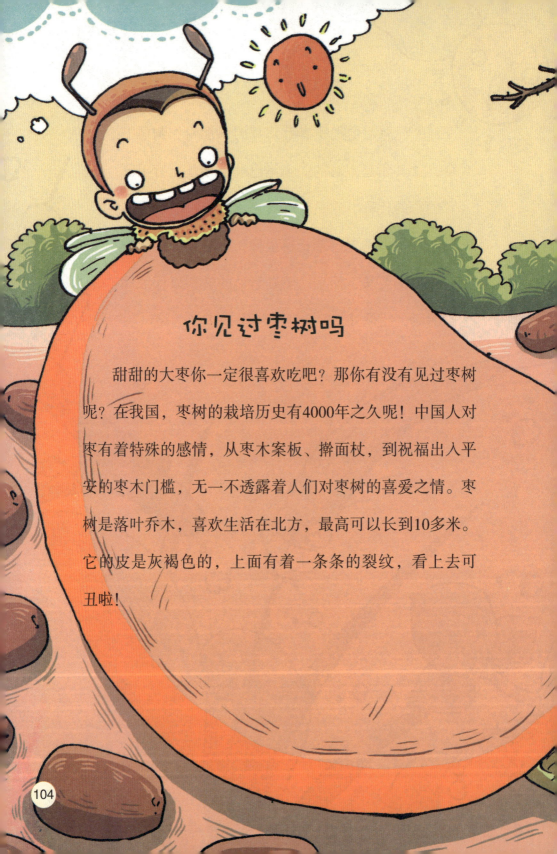

你见过枣树吗

甜甜的大枣你一定很喜欢吃吧？那你有没有见过枣树呢？在我国，枣树的栽培历史有4000年之久呢！中国人对枣有着特殊的感情，从枣木案板、擀面杖，到祝福出入平安的枣木门槛，无一不透露着人们对枣树的喜爱之情。枣树是落叶乔木，喜欢生活在北方，最高可以长到10多米。它的皮是灰褐色的，上面有着一条条的裂纹，看上去可丑啦！

　　别看枣树长得难看，它的花可漂亮啦！枣花通常在每年的5—6月份开放，它们披着黄绿色的外衣，个头小小的，十分可爱。花谢后不久，圆圆的枣子便会开始生长，俗话说："七月十五枣红圈，八月十五枣落竿。"等到中秋，枣子的颜色变为暗红色，它们就成熟啦！

　　枣树的果实就是大枣。现在大枣已经有了几百个品种，是我国北方地区最受欢迎的水果之一。大枣的食用方法很多，既可以鲜吃，也可以用煮、炖、烤等方式进行加工。大枣不仅味道鲜美、甘甜诱人，还

含有丰富的营养成分，民间一直有"一天吃三枣，身轻不易老"的说法。

鲜枣虽然味美，却很难保存，因为它非常容易腐烂，所以很多时候我们是吃不到鲜枣的。有些人可能要问了，那我们能不能像对待柿子一样，趁大枣还是绿色还不成熟的时候就把它摘下来，以此延长它的保鲜期呢？答案是否定的，因为大枣和柿子不同，摘下来后是不会继续成熟的！正因为鲜枣不好保存，所以人们通常会把它烘干，制成干果类的食品。这些干果因为去掉了水分所以吃起来很甜。不过干枣中维生素C的含量可是大大不如鲜枣的，因为在高温烘干的过程中，好多维生素C都被分解掉了。

为了能够经常吃到新鲜的枣，聪明的人们发明了冷冻大枣的保鲜方法，这个方法既能够保鲜，又不会让大枣失去营养价值。鲜枣冷冻后可以单独食用，也可以配上奶油、酸奶等作为餐后甜点。

　　此外，大枣还有许多其他的用途，例如用作水果蛋糕的装点、馅饼及面包的填料等。

　　大枣虽然好吃，但也不能多吃哦，一次最好不要超过20颗，因为大枣吃多了会损伤消化功能，严重了还会引发便秘呢。另外，大枣的含糖量较高，吃完最好刷牙或是漱口，小心长蛀牙哦！

桃树上结的桃子真诱人啊

又大又圆的桃子真是香甜可口，一口咬下去，桃汁就会像蜜汁一样流进嘴里，真是太享受啦！可是，喜欢吃桃子的你了解桃子的"妈妈"——桃树吗？

桃树是中型乔木类，一般能长到3~8米高。桃树"年轻"

的时候树皮是暗红色的，老了以后就会
变得很粗糙，像鱼鳞一样，一片一片的。
桃枝在树妈妈的身上可不老实啦，总是向四面八方
伸展着。而且，它还是个小"变色龙"呢！刚长出来的
小枝是嫩嫩的绿色，经过太阳公公的照射后，又会慢慢变
成红色。

　　桃花和樱花一样，都是蔷薇家族的一员，它也是先开花
后长叶，或是叶和花一起成长。到了春天，满枝的桃花中点

缀着一个个小绿芽，那场面别提多漂亮了！桃树的种类很多，有些专供观赏，只开花不结果，但大多数还是以结出香甜的桃子为主要任务。大部分桃子都长着短短的绒毛，不小心粘到脸上或者手上，会让人觉得痒痒的，很不舒服，所以在吃桃子前一定要将它洗得干干净净的。

在我国，桃文化的历史可悠久啦！从古代开始，桃木

就被人们认为是辟邪的东西，桃木剑啦、桃符啦等等就都是因为这个原因而被制造出来的呢。另外，神话故事中的寿星老是举着一个大桃子，人们过生日的时候也常常吃寿桃，难道桃子和祝寿之间也有什么特殊的关系吗？

看过《西游记》的人一定记得，在天上有一个蟠桃园，园内的桃树几千年才会结一次果子。这种桃子吃了可以长生不老，是王母娘娘过寿时专门用来招待各路神仙的。

正因为这个典故，我国的老人过生日时，儿女们都喜欢送寿桃给他，希望他长寿。事实上，用桃子来延年益寿可不只是个传说哟！虽然没办法像传说中一样使人长生不老，但

是桃子中的维生素E确实能起到延缓衰老的作用呢，所以常吃桃子是有益而无害的。

民间用来祝寿的桃子通常都是用面粉做的，这又是为什么呢？嘻嘻，这里还有一个小故事哦！

相传，战国时期，孙膑跟随著名的军事家鬼谷子学习了12年兵法。有一年，孙膑突然想起五月初五是母亲的寿辰，便向老师鬼谷子请假回家。鬼谷子从院中所种一棵桃树上摘下一个桃子，递给孙膑，说："你在外学艺这么多年，还能记着母亲的生日，实在是难得，这个桃子就送给你，带回家为你母亲添寿吧！"

孙膑谢过老师，把桃子带回家送给母亲。母亲吃完桃子，满头白发就全变黑了，容颜也年轻了好多。孙膑看到母亲的变化，惊喜无比。后来许多人也学着这样做，让老年人过生日都要吃桃子，但他们吃的不是鬼谷子先生送的仙桃，所以没有白发变黑、容颜变年轻的现象。不过，大家都觉得这个礼仪挺好的，也觉得吃不吃桃子并不要紧，只要晚辈记得长辈的生日就好，于是就把蒸馒头改为"蒸寿桃"，这样庆寿就更方便了！

榆木并不是个"傻疙瘩"

高高的榆树站在路旁，看上去总是傻呆呆的，难怪人们常用"榆木疙瘩"来形容一个人头脑不开窍、笨笨傻傻呢！

榆木其实一点也不傻哟！它是默默为我们作贡献的"好朋友"呢！下面就让我们一起来了解了解它吧！

榆木主要生长在温带地区。无论是在王公贵族的花园里，还是平民百姓家的小院里，到处都有它的影子。它身材高大，看上去就像一个威武的大将军。榆木的木质坚韧，纹理也特别清晰，既不像枣木那么硬，也不像柳木那么软，所以，无论是加工成透雕还是浮雕都可以。如果把榆木的面刨光，我们还能看到弦面美丽的花纹，那就是榆木生长的

痕迹哦！

正是因为榆木有着种种优良的特性，所以它常被人们用来制作家具，或者作为装修材料，这是榆木最常见的用途。同学们一定想象不到吧，榆木在中世纪的欧洲还曾经被制成水管呢！榆木水管在长期湿润的情况下不但不会腐化，还能净化水源，是不是很神奇呢？

除了作为木材，榆树还有许多其他的用途。坚韧的榆树皮可以制成绳索，十分耐用。榆树的嫩果和幼叶都可以食用，味道十分鲜美，榆树的叶子还是很好的饲料。另外，它们还能入药，可以疏通肠道，对治疗肿块、便秘都有很好的效果呢！

同时，榆树还是很好的环保卫士，能够有效地吸收空气中各种有毒的气体呢！所以很多人都喜欢在自家的房前屋后种榆树，空闲时在树荫下乘凉，一边呼吸着新鲜的空气，一边听老人讲着那些古老的传说，真是太惬意啦！

同学们，以后可不要再嘲笑榆木是"傻疙瘩"了哟，它只不过是默默为人类作贡献还不爱张扬而已啦！

葡萄藤好"调皮"，往我的房间里爬

传说，七月初七时躲在葡萄架下，就可以听到牛郎和织女聊天。不管这个传说是不是真的，葡萄藤真是一种很有趣的植物呢！它们从一条枝干上开始爬，一眨眼竟然就会爬满整个花架！葡萄藤怎么这么"调皮"呀？它会不会摔下来呢？

你不用担心，原来葡萄藤本就是喜欢攀登的植物哟！一到春夏季节，它的须就会四处生长，无论碰到什么东西，它都会紧紧贴上，然后延伸缠绕，死"抓"住这个东西不放。不过一到了冬天，葡萄藤的叶子就会慢慢掉光，最后只剩下干枯的茎，就连之前那些爬得满架子都是的蔓也会干枯脱落。

葡萄最喜欢生长在阳光下，它的那些藤更是喜欢生活在温暖湿润、阳光充足的环境中。虽然它们在庇荫的地方也能生长，但是那样的话，它开的花就会减少，结的葡萄也不会很甜。

葡萄的叶子长得很像一个个小手掌，每个藤上的叶子都是一对对生长着的，风一吹就会"啪啪"地拍，像是在给谁鼓掌一样。你经常吃的葡萄就是葡萄藤上结出的浆果。

葡萄进入我们的生活已经很久了，它在水果界有着很重要的地位。现在葡萄的品种越来越多，颜色也是各种各样，有红色的、桃红色的，也有粉红色的。不同品种的葡萄，味道也是大大不同呢！

有一种叫作"提子"的水果，你一定也不陌生吧？它和葡萄长得很像，但却叫作"提子"，这是怎么回事呢？它和葡萄有什么关系吗？

事实上，提子就是葡萄，是广东人对葡萄的叫法，可能

是因为葡萄是一串串的，广东人叫一提提。普通的红葡萄就叫红提，绿色的就叫青提，但我们在市场上见到的提子大多是指从美国进口的一种叫作红地球的葡萄哟！

这种进口的葡萄，不像常见的国产葡萄。你仔细想想就会明白，我们常吃的葡萄，一串葡萄粒当中既有大的也有小的，而提子粒则是整串的大小都差不多。另外，葡萄粒很容易脱落，所以我们平时洗葡萄的时候总会有一些"落伍分子"出现，而提子则不容易"掉队"。葡萄的皮也比提子皮

什么是藤本植物?

藤本植物也被称为是"攀缘植物"。也就是说它必须依附着其他的植物才能生长，无法自己直立向上生长。要是没有可以依附的植物，它就只能在地上生长了。藤本植物的茎都很细很长，花朵也都很小，不过仍旧很漂亮。人们非常喜欢吃的葡萄就是非常常见而且比较有代表性的一种藤本植物哟!

要厚一些，所以葡萄很容易剥皮而提子很难剥皮。另外，葡萄和提子最明显的差别就是提子的果肉更加硬实一些，保存时间也比普通的葡萄要长哟!

近些年来，一些进口的硬肉型"提子"逐步占领了中国的市场，很多果农为了赚钱，舍弃了本地葡萄的种植，不顾地域差异，也不管品质好坏，就是要种国外品种，结果国外品种没种好，本地的品种又逐渐减少，害得很多人只能吃到提子了。